EDUCACIÓN

POR LA ASTRONOMÍA 3

• •

Arte y cosmos en la escuela

EDUCACIÓN
POR LA ASTRONOMÍA 3

• •

Arte y cosmos en la escuela

ENOK PÉREZ

© Enok Pérez Giraldo, 2024
Edición de Letropía por Clara C. Scribá
Corrección de Letropía por Sandra Soriano y Clara C. Scribá
Diseño y maquetación por Carmen Itamad

ISBN Libro en papel: 978-84-685-8246-7
ISBN eBook en PDF: 978-84-685-8247-4

Índice

Algunas recomendaciones metodológicas

¿Por qué esta propuesta?

Enseñar a los niños astronomía, a través del arte y el juego, es una forma estupenda de estimular su creatividad, curiosidad y aprecio por la belleza del universo. Lúdica, estética y cosmología tienen mucho en común: exploran las formas, los colores, las luces y las sombras, y todas expresan emociones y sentimientos. El juego es el medio natural de aprendizaje de los niños, les permite experimentar, descubrir y divertirse. Al combinar estas tres dimensiones, se crea un ambiente recreativo, instruccional y educativo, donde los chicos puedan desarrollar sus habilidades artísticas, sociales y científicas, al mismo tiempo que disfrutan de la magia del espacio sideral.

Queremos rescatar para la pedagogía los valores intelectuales y formativos de la integración de saberes y, a la vez, descubrir talentos de las bellas artes, la indagación, la escritura y el diálogo. Trabaja una página por día. Lo puedes solo, con tu familia, amigos y maestro.

Unas palabras para los alumnos y las alumnas

Apreciada niña y apreciado niño, en tus manos **no tienes un libro, posees un taller multiusos** que ayudará a formar tu mente, tu cuerpo y tus afectos.

Trabájalo a tu gusto y ritmo, desprende una página cada vez. Utiliza materiales que tengas a mano (como lápiz, regla, colores, crayones, etc.). También podrás usar el ordenador o la tablet.

Consulta lo sugerido y todo aquello que desees. Decora las figuras como quieras, crea lo que te plazca. Hazle marcos bien lindos y coleccciónalas, son tus primeras obras de arte. Charla con tus compañeros y compañeras, formula preguntas interesantes a tus profes en todas las materias. Recuerda que en cada página podrás hallar miles de posibilidades instruccionales, artísticas y formativas.

Como a ti, a nosotros nos encantan el juego, el cosmos y las artes. Los tres ámbitos ayudan a descubrir talentos plásticos, indagadores, conversacionales, escriturales y científicos.

Las muestras en blanco y negro son solo eso, tres ejemplos. Transforma estas sencillas páginas en bellos trabajos, así descubrirás el artista y el intelectual escondido que hay en ti.

Recréate estudiando y aprendiendo. Si entrenas todos tus sentidos, comprenderás con todas tus inteligencias.

Hasta pronto.

Autor: Enok Pérez Giraldo
Asesores pedagógicos: Álvaro José Cano Mejia, Enrique Torres Teusabá, Xiomara Ramírez Tamayo, Nubia Mena Murillo, Silvia Luz Marín Marín, Adriana Patricia Hoyos Palacio.

Sugerencias de decorado

Las posibilidades de trabajar y correlacionar el material son ilimitadas. Aquí apreciamos cuatro, sugeridos en blanco, negro y gris. Deliberadamente y por cuestiones de diseño, omitimos el color, para no privar a los niños y las niñas de las bondades de la cromática. Es nuestro deseo que se transforme toda la cartilla desde la portada misma, realizando una creación en cada página.

Clarifico términos

En toda ciencia es primordial tener claros los términos usados. En astronomía hay cuatro palabras que a veces nos confunden. Veamos una a una.

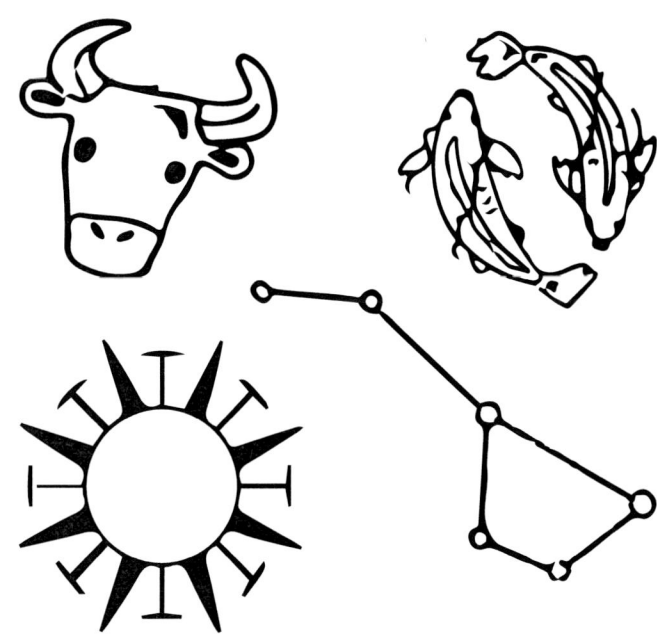

ASTRONOMÍA
Ciencia que estudia los cuerpos celestes.

ASTROLOGÍA
Estudio de la posición y movimiento de los astros como medio para predecir hechos futuros y conocer el carácter de las personas.

- **¿Qué opinas de estos animales en el espacio?**

ASTRONAUTA
Individuo que está capacitado para tripular una nave espacial.

COSMONAUTA
Vocablo soviético-ruso para astronauta.

Conversación astronómica

El diálogo es un intercambio de mensajes entre dos o más personas. Es un aprendizaje compartido.

1. **Piensa y comenta con tus compañeros sobre la ilustración.**

   Recuerda:
   Los alumnos y profesores son interlocutores permanentes.
   Muestran buena educación, saben hablar y escuchar.
   Tienen buenas relaciones y se respetan mutuamente.

   Ellos saben que:
   En astronomía la palabra también se pide, se usa y se respeta

2. **Explica la frase anterior con tus propias palabras.**

3. **Consulta diez sinónimos de conversación.**

«La Luna es un sueño dorado que se mece en el cielo».
William Shakespeare

Ciencia, técnica y tecnología

Estos tres conceptos son muy similares. Tienen muchas relaciones, pero también muchas diferencias. Los dibujos nos ayudan a clarifiar el problema.

1. **Consulta y escribe ciencia, técnica y tecnología en el dibujo correspondiente.**

2. **Explica diez relaciones, parecidos o semejanzas entre el ábaco y el portatil. Después, responde las preguntas:**

- **¿El ábaco es tecnología? Éxplica tu respuesta.**
- **¿Cuándo empezó la tecnología?**
- **INTELIGENCIA ARTIFICIAL ¿Qué es y qué opinas de ella?**

Uranología e indagación

1. Explica el título y la página entera después de leerla.

2. Enumera diez palabras que asocies con el concepto de «indagación».

3. ¿Qué es una pregunta?

4. Escribe el nombre a cada uno de estos objetos.

a

b

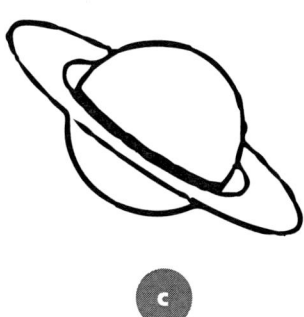
c

d

_____   _____   _____   _____

5. Formula una pregunta para cada uno de estos cuerpos celestes.

   a.
   b.
   c.
   d.

Quien no tiene preguntas, jamás hallará respuestas. Indagar es arte y comunicación científica. Para muchos, preguntar es más inteligente que responder.

El cosmos es un misterio

6. ¿Qué quiere decir esta frase para ti?

7. ¿Podrá la uranografía decirnos de dónde venimos y para dónde vamos?

Una familia muy espacial

Este conjunto se llama **sistema solar,** tiene muchas similitudes con una familia humana. Los nombres de sus integrantes deben ser escritos al pie del dibujo.

1. **Memoriza el nombre del más grande, el más pequeño, el más cercano y el más lejano del padre.**

2. **Encuentra 5 parecidos entre estos cuerpos celestes.**

3. **¿Qué significa espacial?**

4. **Cuéntanos cosas que sepas de esta importante parentela.**

   • **¿Qué es paternidad y maternidad?**
   • **¿Qué es fraternidad?**
   • **¿Qué son los planetas enanos?**

La familia es la célula de la sociedad

✦ Con la astronomía y el arte expreso mis sentimientos y emociones.
✦ Ya memoricé los nombres de los planetas en orden de distancia al Sol.

Planetas y lunas

En nuestro sistema solar, hasta hoy, se han descubierto cerca de 180 lunas, conozcamos algunas.

TIEMARJUSA

Esta palabra resume el nombre de los planetas más cercanos al Sol que tienen lunas.

1. **Escribe cuáles son y el número de satélites que tiene cada uno.**

   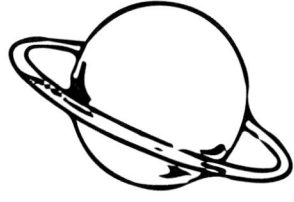

DOS MOMENTOS DE NUESTRA COMPAÑERA CELESTE

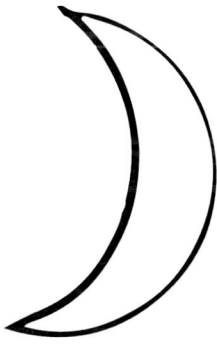 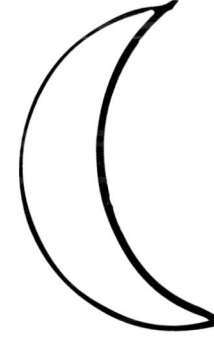

Si sabemos jugar con las letras C y D, nos daremos cuenta de si está creciendo o menguando.

2. **Consulta y escribe el estado de este bello cuerpo celeste en cada caso.**

    • **¿Cuántas veces es la Tierra más grande que la Luna?**

El universo crece todo el tiempo

3. **¿Qué quiere decir esta afirmación?**

El cosmos: máxima obra de arte

- ¿Qué opinas de este título?
- ¿Qué es para ti el arte?
- ¿Crees que el arte y el espacio tienen alguna relación? Explica tu respuesta.

Los componentes principales de una obra de arte son: **figura, marco y fondo.**

1. **Escribe estas tres palabras en el lugar correspondiente de esta obra.**

2. **Ordena alfabéticamente el nombre de los dibujos que integran esta composición.**

3. **Escribe cinco razones por las que es importante la astronomía y cinco de por qué lo es el arte.**

Dos tipos de satélites

1. **Ayudado de los esquemas, responde estas dos preguntas:**

   - **¿Qué es un satélite?**
   - **¿Cuales son las dos clases de satélites que existen?**

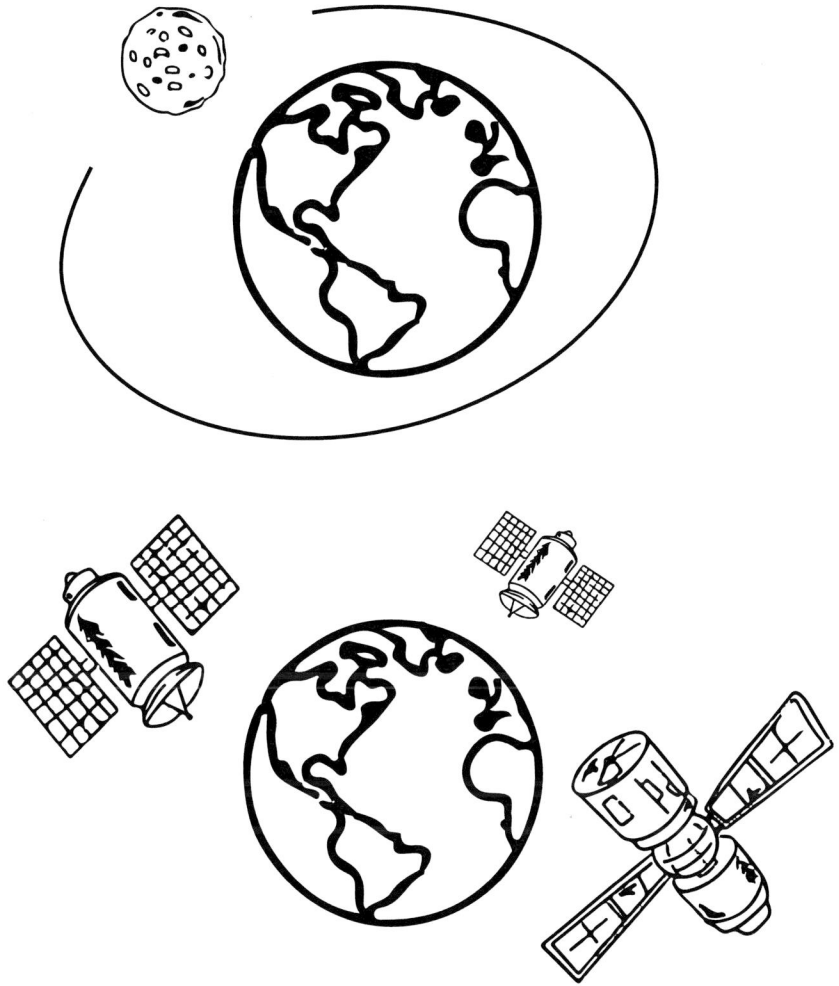

2. **Charla con tus compañeros sobre esta gráfica y cuéntanos por escrito tu impresión sobre lo observado.**

   - **¿Qué opinas de estas tecnologías?**
   - **¿A qué distancia de la Tierra está el satélite artificial más cercano?**

Si estudio con todos los sentidos, aprendo con todas las inteligencias

3. **Reflexiona con tus amigos sobre este enunciado.**

Un rey con muchas coronas

A nuestro Sol se le llama con justificada razón «**el astro rey**». Tiene derecho natural a poseer varias coronas.

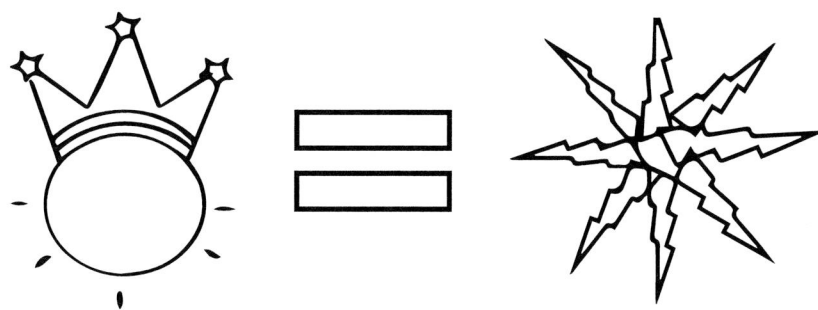

1. **Explica por qué el signo igual está en ese lugar.**

2. **Consigna diez sucesos que ocurrirían si el Sol se apagara.**

3. **¿Cuántas y cuáles coronas le darías a este monarca? Explica cada una.**

    a.
    b.
    c.
    d.

El sol nos da energía limpia y gratuita

4. **Ayudado por el boceto, explica la proposición anterior.**

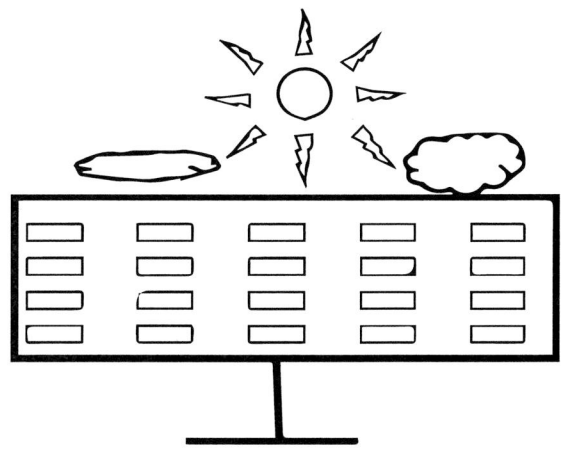

El día y la noche

1. Observa bien el dibujo y haz las siguientes actividades:

- **Sombrea la parte terrestre nocturna.**
- **Escribe la palabra «terminador» en su lugar respectivo.**
- **Las palabras en mayúsculas, agrúpalas en el día, la noche o el terminador.**

ALBA, AMANECER, CREPÚSCULO, NOCTURNO, SOMBRA, NOCTÁMBULO, DIURNO, OSCURIDAD, TINIEBLAS.

DÍA	NOCHE	TERMINADOR

- **¿A qué horas empieza un nuevo día?**
- **¿En todos los lugares del mundo comienza el día a la misma hora?**
- **¿Por qué no vemos el Sol de noche?**
- **¿Qué distancia separa estos dos personajes?**
- **Consulta algunos nombres dados al Sol y la Luna en distintas culturas.**

Astronomía y robótica

1. **Responde:**

   - **¿Qué es robótica?**
   - **¿Qué es para ti la Inteligencia Artificial?**
   - **¿Los robots son más inteligentes que los humanos? Justifica tu respuesta.**

   - **Escribe los nombres de cinco robots famosos.**
   - **¿Qué relación tienen la robótica y la cosmografía?**
   - **Comenta con tus compañeros lo que saben de robots inteligentes.**

El universo es un lugar fascinante para explorar y aprender

✦ Utilizo el lenguaje gráfico y el lenguaje verbal.

Corro como los planetas

Grupo en círculo. Director (Sol) en el centro con balón o pelota. Lo lanza a un integrante del exterior. Quien recibe nombra un planeta y retorna la pelota al director. Corre por fuera en sentido contrario a las manecillas del reloj hasta llegar al puesto, sin dejarse alcanzar del siguiente «planeta».

1. **Completa las siguientes actividades:**

   • **¿Cómo se llama este conjunto por tener nueve participantes?**
   • **Escribe diez acciones que estén realizando estos niños.**
   • **Si el director lanza, ¿qué hacen los otros niños?**
   • **¿Crees que estos niños están estudiando? Explica tu respuesta.**
   • **Bautízalos con los nombres de los planetas del sistema solar.**
   • **Explica las siguientes frases:**

«El juego es la forma más elevada de la investigación».
Albert Einstein

«En la mesa y en el juego se conoce al caballero».
Anónimo

✦ Aprendo a relacionar y diferenciar.

Los astros y los días de la semana

El cielo, los dioses y los días de la semana guardan una estrecha relación. Cada día fue dedicado a un astro y un dios diferente por los hombres antiguos.

1. **En el siguiente cuadro, escribe el día asignado a cada astro.**

DÍAS DE LA SEMANA	ASTRO	DÍAS DE LA SEMANA	ASTRO
	Luna		Venus
	Marte		Saturno
	Mercurio		Sol
	Júpiter		

2. **Averigua algunos datos sobre estos dioses.**

3. **Busca en tu navegador: «Canción Los planetas», ¿te gusta?, ¿por qué?**

4. **¿Por qué los nombres de los planetas deben ser escritos con mayúscula inicial?**

5. **¿Qué planetas carecen de día que los represente en la semana? ¿Cuál es el planeta más caliente y el más frío?**

6. **En este dibujo, escribe el nombre de cada astro y día de la semana que le corresponde.**

El cielo nos da la maravillosa luz

1. Observo, pienso, leo imágenes y aprendo cosmología.

- ¿Qué quiere decir el título?
- Cuéntanos esta historia con tus propias palabras.

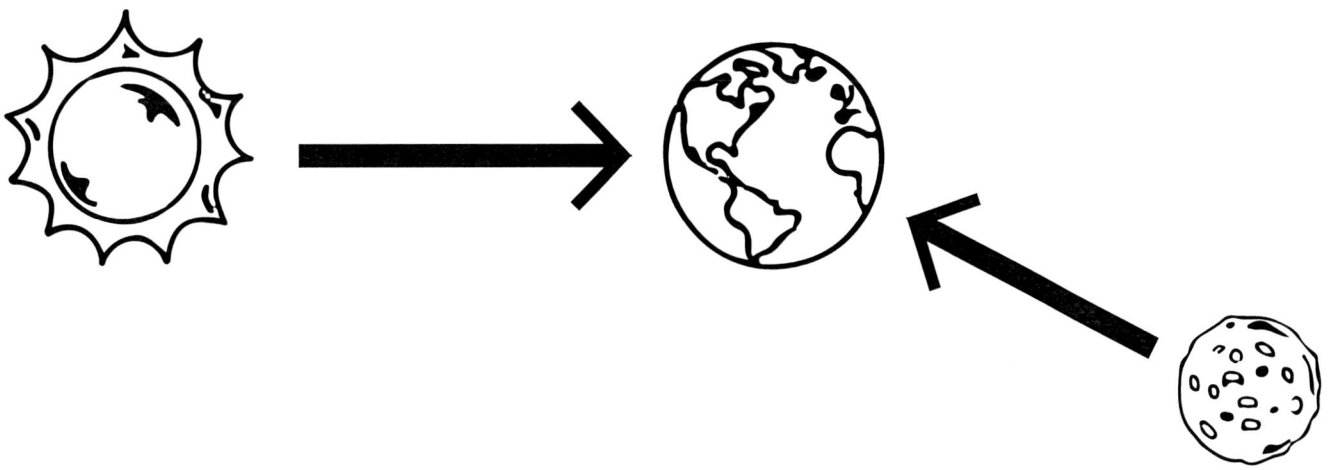

2. Responde:

- ¿Qué significan las dos flechas?
- ¿Cuánto tarda la luz en llegar del Sol a la Tierra?
- ¿Cuánto tarda la luz en llegar de la Luna a la Tierra?
- ¿Por qué decimos que estamos viendo una tríada de cuerpos celestes?

3. Escribe diez palabras que signifiquen luz.

4. El Sol es tan versatil que nos ayuda a jugar a los jeroglíficos. Descifra este:

✦ Memorizo las cosas importantes.

Óptica

Se llama óptica a la ciencia que estudia la luz y los fenómenos lumínicos.

LECTURA

Muchos eventos los podemos apreciar a través de los ojos. Otros son invisibles. Todo nuestro cuerpo es maravilloso, pero los ojos merecen un cuidado especial, ya que son muy delicados y por medio de ellos, adquirimos la mayor cantidad de conocimientos. La capacidad de ver se llama visión.

1. **¿Cómo interpretas estos tres dibujos? Explícalos con tus propias palabras.**

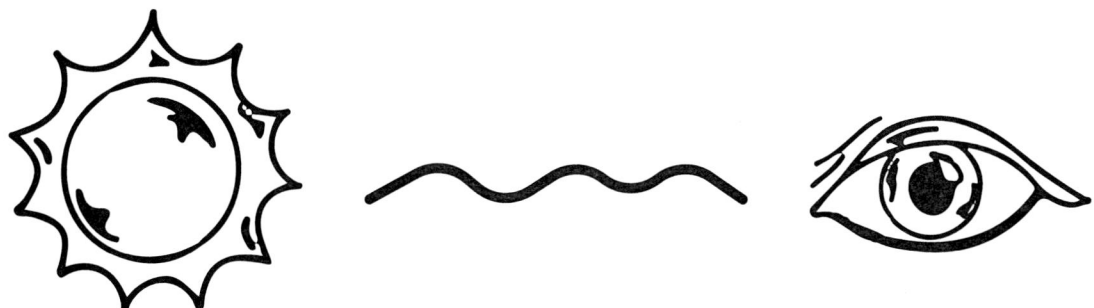

2. **La vista nos engaña y, el nombre de ese engaño es ilusión óptica.**

   • **También se llama** _____ .

3. **Describe las tres mentiras siguientes.**

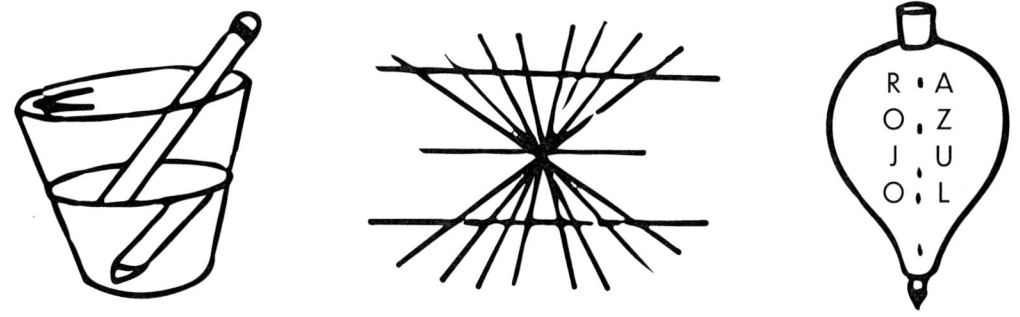

   • **Comprueba estos engaños. Recuerda que el científico tiene que demostrar para merecer ese noble título.**

Evaporación, nubes y lluvia

Tres importantes fenómenos, muy diferentes pero muy relacionados.

1. Contesta:

- ¿Qué es la evaporación y cómo ocurre?
- ¿Cómo se relacionan la evaporación y el ciclo del agua?
- Escribe cinco beneficiosos y cinco perjuicios del agua.
- ¿Cuáles son los diferentes tipos de nubes y cómo se forman?
- ¿Cómo se relacionan las nubes y la lluvia?
- ¿Qué es la precipitación y cómo afecta los ecosistemas?
- ¿Sabes cómo se forma la lluvia?

El agua potable parece mucha, ¡pero es muy poca! ¡Cuídala!

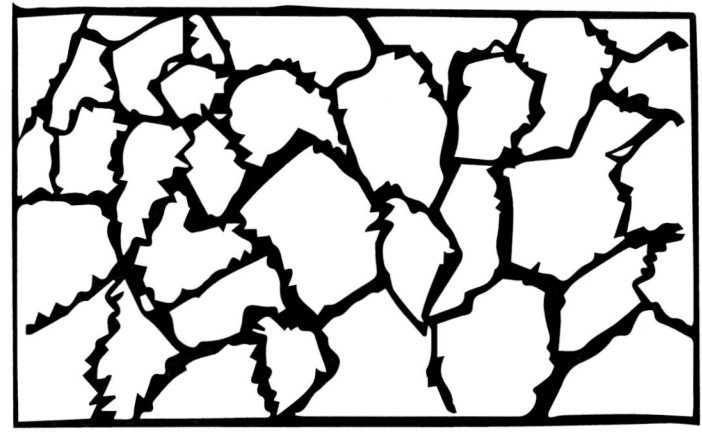

- ¿Qué representa este dibujo?
- ¿Cuál es tu opinión de este fenómeno?

✦ Con el dibujo memorizo más fácilmente la información.
✦ Aprecio las cosas sencillas.

Bellos fenómenos ópticos

- ¿Qué es óptica? Importancia.
- ¿Qué es optómetra? Importancia.

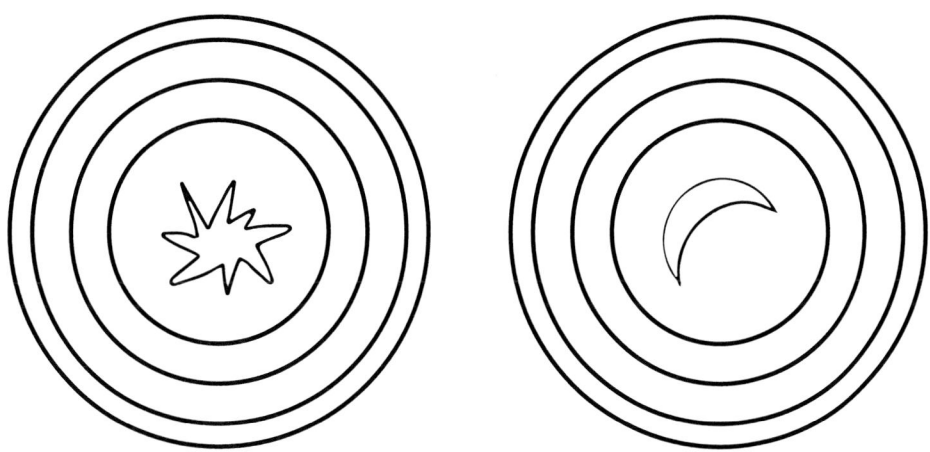

Aquí vemos un **aro iris lunar** y un **aro iris solar.** También se llaman **halos**. Investiga por qué se forman.

RAYOS Y NUBES

1. ¿Qué opinión te merecen estos dos fenómenos visuales y auditivos?

2. Con estos personajes, crea un historia.

✦ Puedo conseguir mil conocimientos con un dibujo.

Relaciono cosas diferentes

EL SOL Y EL GIRASOL

1. Escribe cinco nexos que tienen en común estos dos personajes.

2. ¿Cuál es tu opinión sobre las flores?

3. Transforma esta página en una obra de arte. Puede ser a mano alzada o con tu ordenador.

4. En el revés de la página consigna cinco vínculos entre el astro rey y las plantas.

5. Encuentra cinco similitudes entre una naranja y un caballo.

Astronomía y salud

• **¿Qué es para ti la salud?**

El astro rey merece toda nuestra admiración y respeto, pero, **nunca hagas lo que este niño está haciendo**. Recuerda siempre que el Sol:

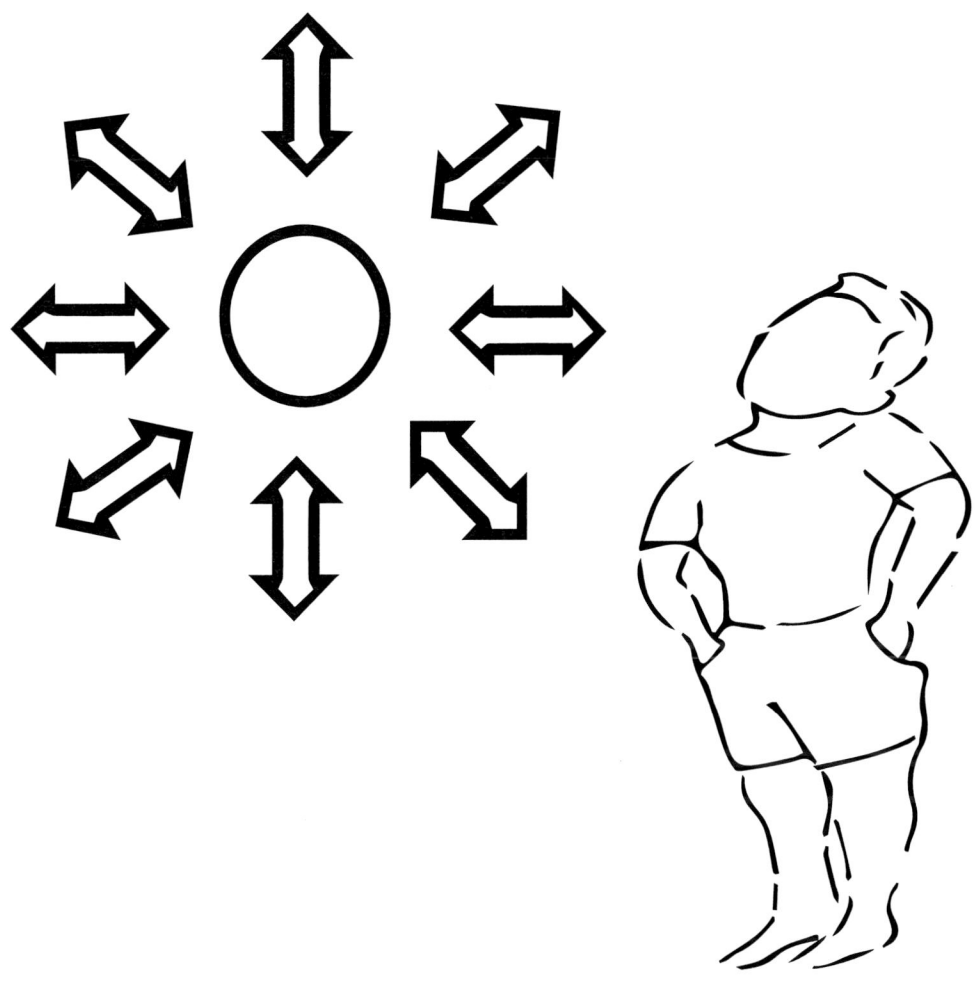

Nunca se mira directamente, puede dañar la visión para siempre

También es posible sufrir otros daños como:

• Aparición de eritemas. Enrojecimiento de la piel expuesta al Sol que precede a la quemadura.
• Quemaduras de primer y segundo grado.
• Cáncer de piel y otros trastornos cutáneos.
• Cataratas y diversas afecciones de la vista.
• Envejecimiento prematuro de la piel.

Rotación y traslación

Son movimientos muy importantes de algunos cuerpos celestes.

Rotar: es dar vueltas alrededor de mi propio eje.
Trasladar: es dar vueltas al alrededor de algo o de alguien.

Los bocetos siguientes nos ayudan a entender mejor estos dos conceptos.

MOVIMIENTO DE ROTACIÓN

MOVIMIENTOS DE TRASLACIÓN Y ROTACIÓN

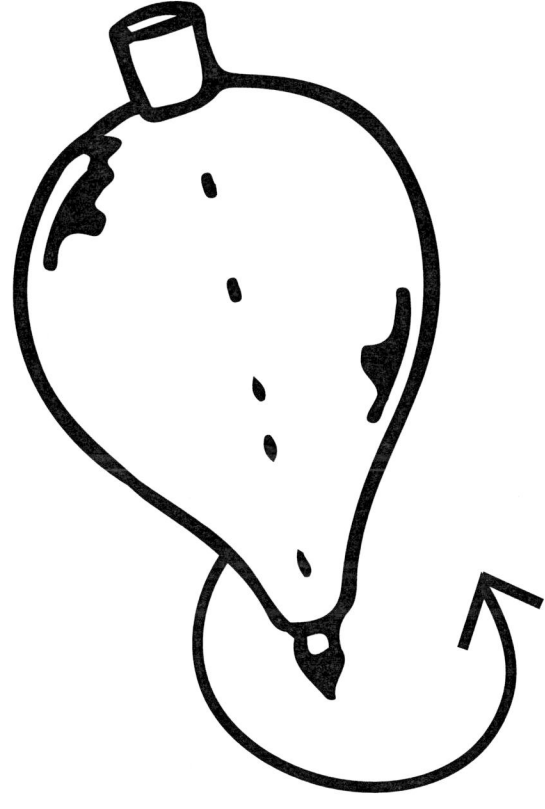

El trompo o peonza es un juguete que rota sobre su propio eje. Baila sobre sí mismo.

Además de danzar sobre sí mismo, se desplaza alrededor de la silla.

Lo bello de los planetas es que realizan estos desplazamientos simultáneamente.

- **La Tierra tiene varios movimientos. Consulta cinco.**

✦ Soy capaz de memorizar y transformar la información.

La Física es diferente de la Educación Física

En la vida y en la escuela es muy importante diferenciar estas dos ideas.

EDUCACIÓN FÍSICA

FÍSICA

Ciencia que estudia **al hombre en movimiento.** Para muchos no es una ciencia, sino una disciplina.

Ciencia que estudia **la energía, la materia, el tiempo y el espacio.**

La escuela y los salones de clase deben ser gimnasios, laboratorios, talleres, consultorios y confesionarios, todo en uno.

La alfabetización científica empieza en la educación preescolar

La fuerza de gravedad

También llamada LEY DE GRAVITACIÓN UNIVERSAL

Este es uno de los descubrimientos más grandes de la física, se lo debemos al sabio inglés Isaac Newton. Él comprobó que todos los objetos se atraen unos a otros, con mayor o menor intensidad, según su masa y distancias a las que se encuentren. Un caso similar, pero no igual, sería el de imán.

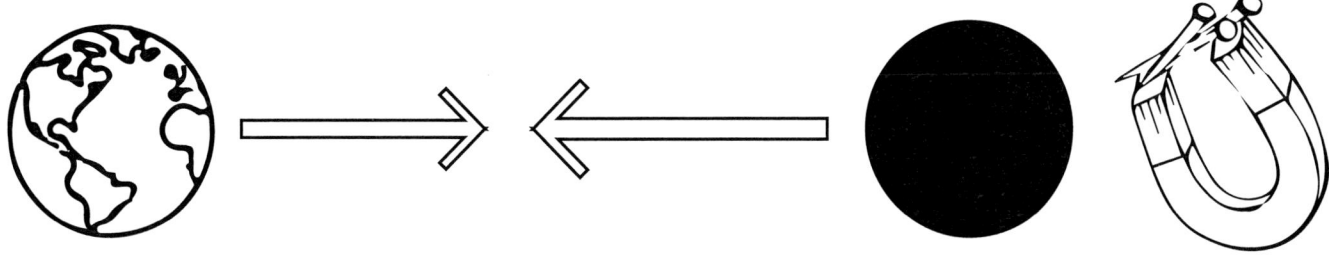

1. **La fuerza de gravedad tiene las siguientes y otras características. Estúdialas y compártelas.**

   CAÍDA, ATRACCIÓN, MASA, ACELERACIÓN, FUERZA, ISAAC NEWTON, MANZANA DE NEWTON, ESPACIO, TIEMPO, INVISIBLE, EN TODO EL UNIVERSO.

2. **La manzana de Newton es una historia muy gravitacional. Averíguala y coméntala con tus amigos, pedagogos y compañeros de clase.**

Gravedad solar y terrestre

Es la fuerza que atrae los cuerpos hacia el centro del Sol. Es el «imán» de la Tierra, que nos mantiene pagados a ella.

Una niña escolar en el Sol pesaría lo que un oso en la Tierra.

Es tan fuerte la gravedad solar, que todos los planetas y lunas del sistema reciben su influencia. La tierra también tiene gravedad.

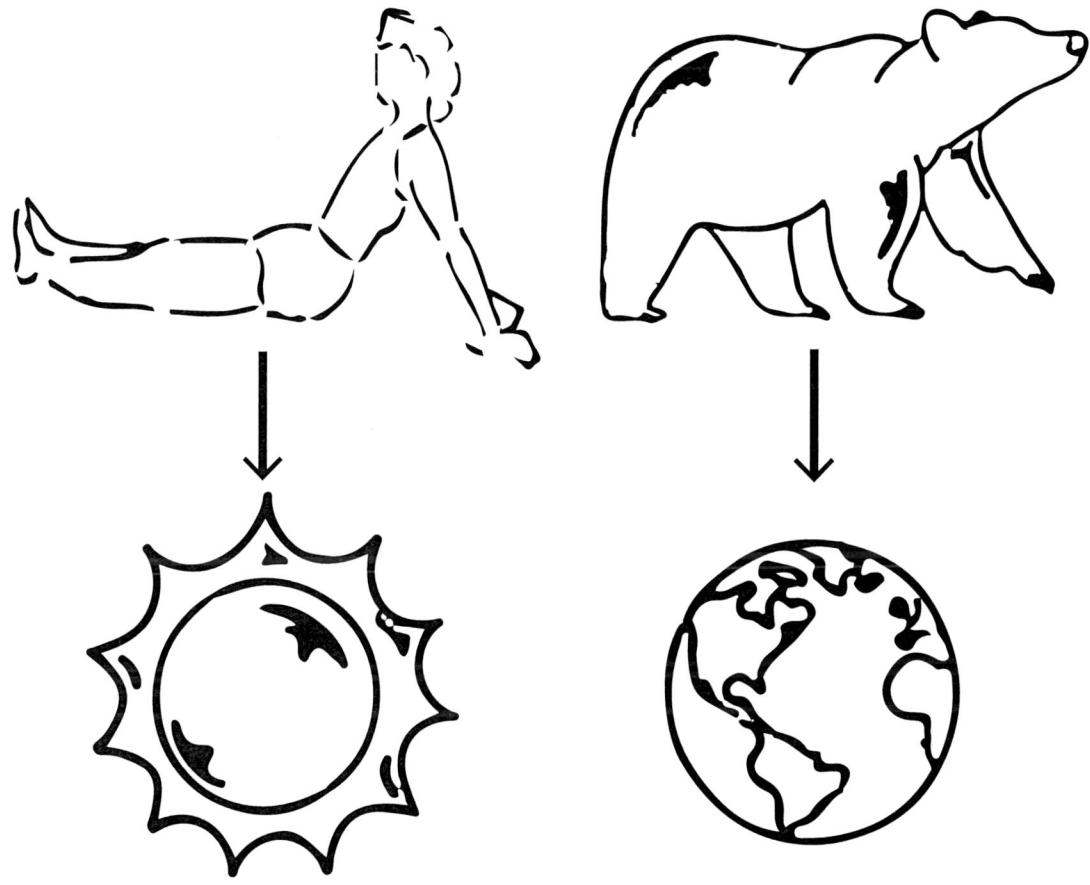

Esta forma de relacionar las cosas y los fenómenos se llama **analogía.** Hoy estimulamos el **pensamiento analógico** y, al mismo tiempo, estudiamos la fuerza de gravedad en esta página.

✦ El dibujo y la astronomía mejoran mi creatividad.
✦ Todas las artes y áreas de estudio son importantes.

Todo lo que sube tiene que bajar.

• **Explica científicamente esta frase.**

Las estrellas nos engañan

Son magas que nos hacen ver muchas cosas que no son.

TAN VECINAS Y TAN DISTANTES

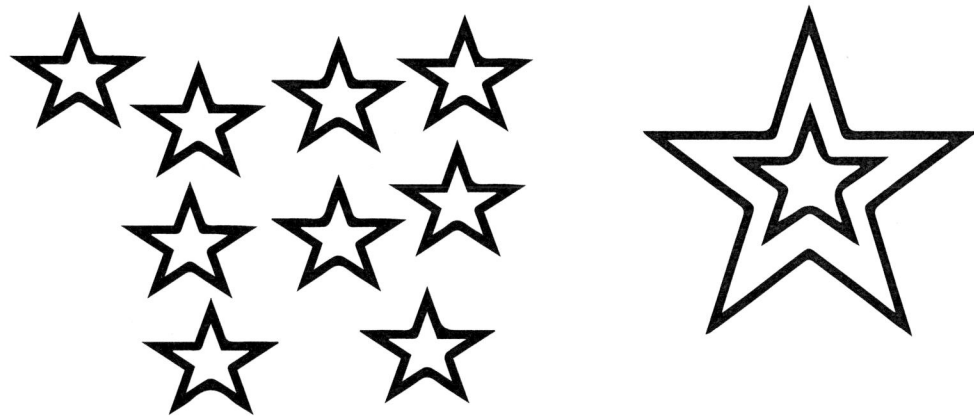

A simple vista parecen cercanas, pero en realidad, están sumamente retiradas unas de otras. Después del Sol, la más cercana está a varios años luz. Consúltalo.

TAN PEQUEÑAS Y TAN GRANDES

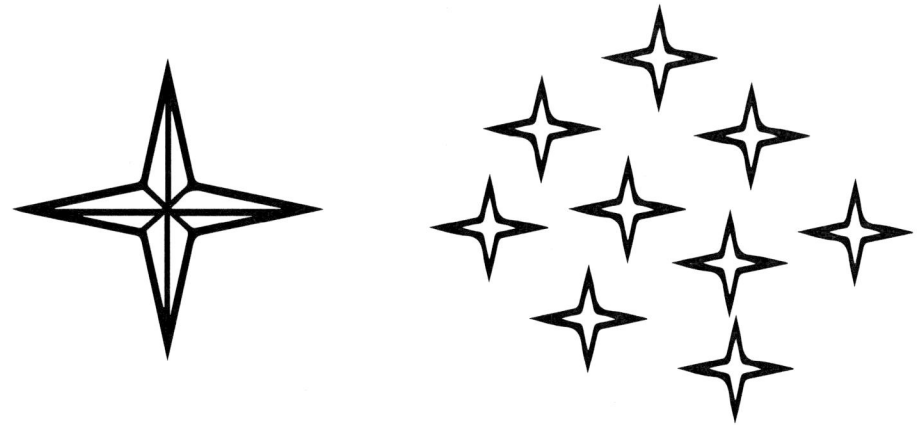

Nos dan la ilusión de ser iguales, pero hay de todos los tamaños. Unas son más pequeñas que nuestro Sol y otras, mucho más grandes que él.

- **LAS ESTRELLAS SON CUERPOS CELESTES QUE NACEN, EVOLUCIONAN Y MUEREN. Un gran tema para consultar.**

Cambios o fases de la luna

LECTURA COMPRENSIVA

La luna es muy bella y bastante caprichosa. Se pierde unos días y por ello las noches son muy oscuras. A este alejamiento se llama **luna nueva.**

Otras noches son bastante claras y vemos la luna enterita. A este tiempo se le llama **luna llena.** Después empieza a perder luminosidad y decimos que está **menguando.**

En otras épocas, vemos que su parte iluminada aumenta de tamaño todos los días, decimos que está en **creciente.** Por todos esos cambios, decimos que la luna es muy linda, pero bastante caprichosa.

1. Escribe en cada dibujo la fase en que está la Luna.

 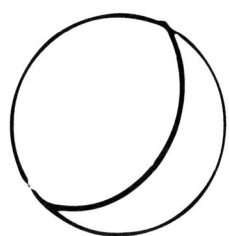  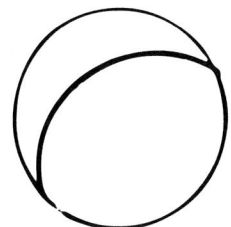

2. Enumera diez datos importantes sobre la luna, aquí tienes cuatro.

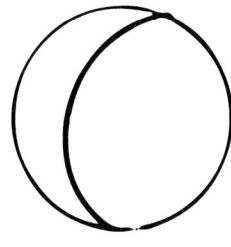

LUNA GIBOSA

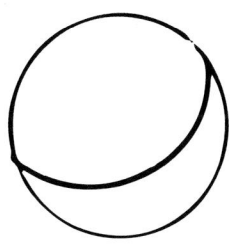

LUNA CENICIENTA

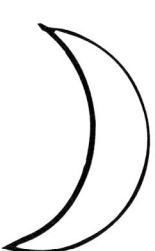

CACHITOS AL OCCIDENTE
MENGUANTE

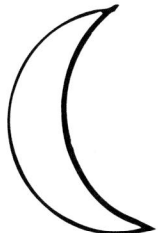

CACHITOS AL ORIENTE
CRECIENTE

Viajeros del espacio

• Por el cosmos navegan muchos excursionistas. Encuentra información sobre los siguientes:

COMETAS, METEOROS, METEORITOS, ASTEROIDES. LLUVIA DE ESTRELLAS. ENJAMBRE DE ASTEROIDES. ESTRELLAS FUGACES. SONDA ESPACIAL. SATÉLITE ARTIFICIAL.

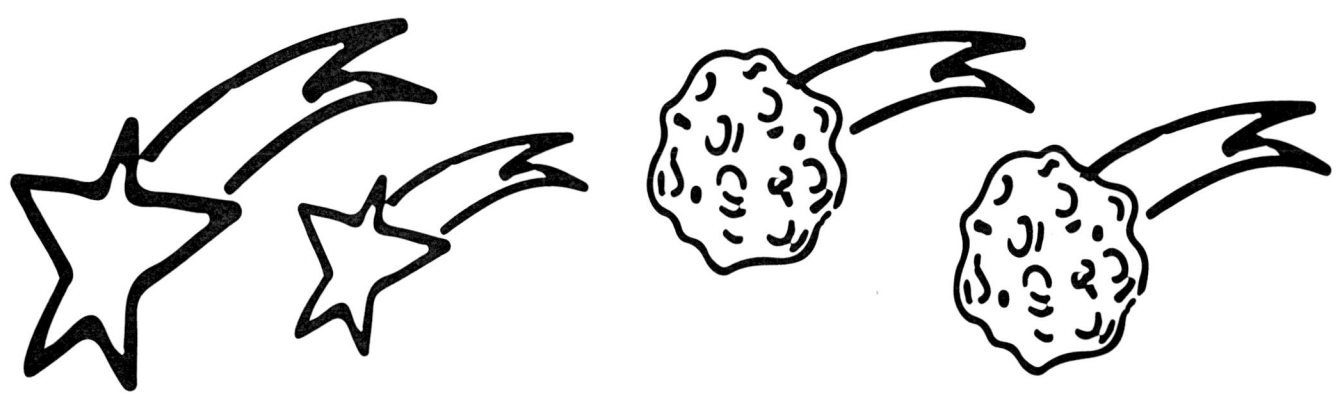

UN VIAJERO EN TRES MOMENTOS

Cuando viaja por el espacio recibe el nombre de: **METEOROIDE**	Al entrar en la atmósfera de la tierra se enciende y se le dice: **METEORO**	Si no se desintegra y logra caer en la tierra, se denomina: **METEORITO**

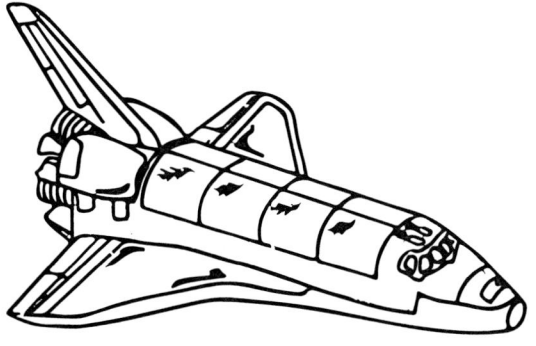

PLANEAR

Este verbo tiene varios usos en español. Se aplica en animales, personas y cosas.

• **Aclara cada caso.**
• **¿Cómo se traduce el escrito que acompaña la nave?**

Cuerpos celestes brillantes

Se llaman así los objetos que resplandecen por sí mismos; es decir, no reciben su luz de otros cuerpos. El Sol y las estrellas, pertenecen a este grupo.

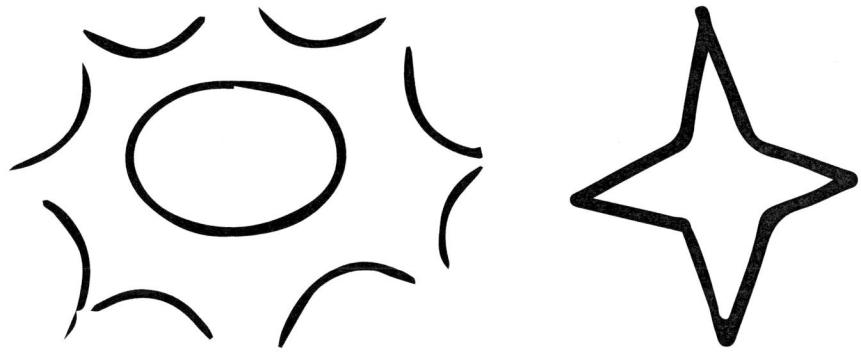

Cuerpos celestes opacos

Se les dice así a los objetos del cielo que no tienen luz propia, ellos se ven porque reflejan la luz que le brindan otros cuerpos. En este conjunto están las lunas, planetas, asteroides, cometas y meteoroides.

1. **En esta página vemos un quinteto de cuerpos celestes. Explica.**

El universo es un lugar maravilloso lleno de misterios y belleza.

✦ Soy motivado y curioso

65

Astronomía y agricultura

1. **Escribe lo que tú entiendes en este título.**

....

....

2. **Inventa otro título para esta página.**

3. **En el siguiente gráfico faltan muchas cosas. Dibuja algunas que tú agregarías. Explica por qué.**

4. **¿Con qué técnica de dibujo fue hecho este sol?**

5. **El cielo también colabora con nuestra alimentación. Explica por qué.**

6. **Estos niños escuchan atentamente, son respetuosos y se educacan al aire libre. Inventa un cuento con esta ilustración.**

7. **Escribe y dibuja los diez productos agrícolas que más te gustan.**

Cuidados que debemos tener con el sol

El Sol es vida y salud, pero también puede llegar a ser enfermedad y muerte. Quiérelo y disfrútalo, pero nunca abuses de él. Usa protecciones adecuadas cuando te expongas a sus rayos.

RELACIONES DE PAREJA, DE AMOR, AMISTAD Y CONVIVENCIA ARMONIOSA

1. **Une estas cuatro acciones humanas con las ciencias del cielo.**

2. **Descarga en tu ordenador el programa STELLARIUM,** así tendrás un planetario en casa.

3. **Las siguientes son enfermedades producidas por el sol. Consulta en qué consiste cada una.**

   CÁNCER DE PIEL, CATARATA, MELANOMA, ENVEJECIMIENTO PREMATURO

Deporte y estudio al aire libre

El patio de recreo y la naturaleza entera son dos grandes salones de clase. Cuando corro, salto y pronuncio los nombres de los planetas, escritos en el piso, estoy jugando, estudiando y aprendiendo. ¿Qué más estoy haciendo?

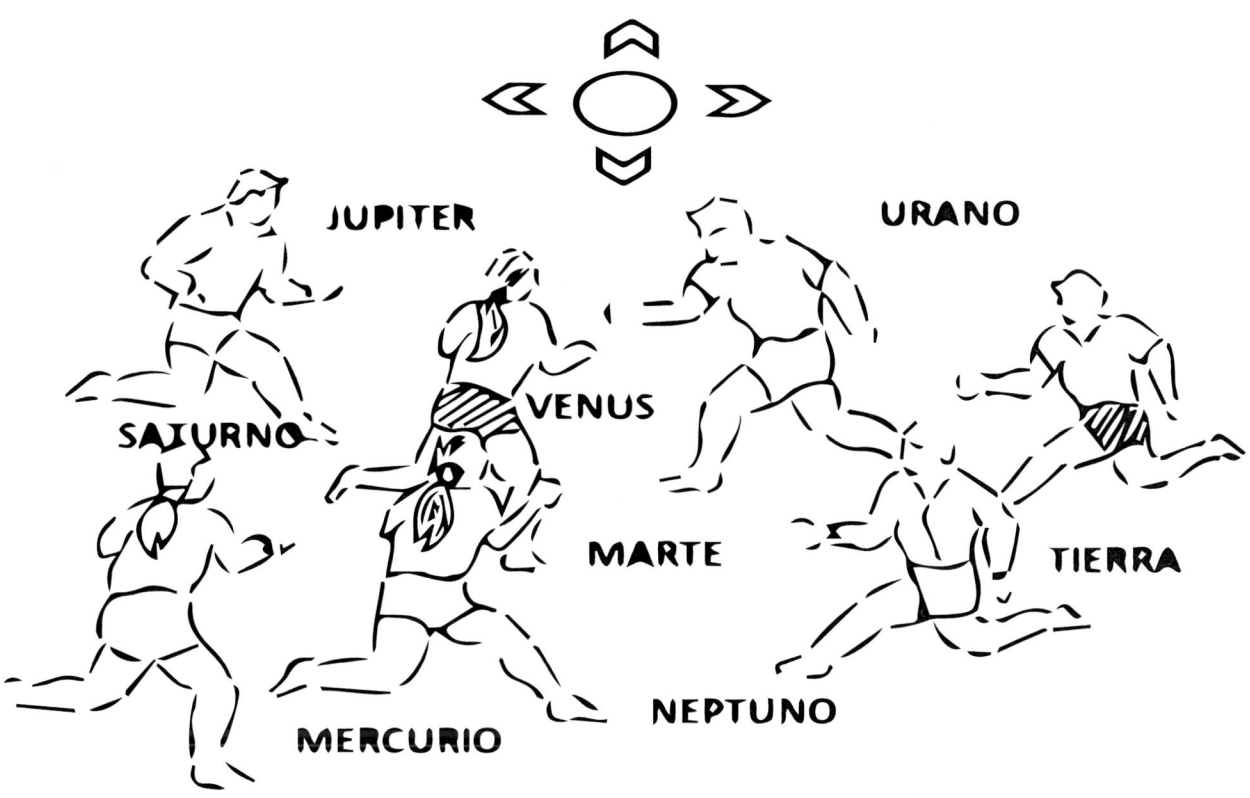

- **¿Crees que jugando se puede estudiar y aprender? Explica.**

MEVENTIEMARJUSAURANÉ

Con este acrónimo memorizarás más fácil el nombre de los planetas, en orden de lejanía al Sol. Averigua el tiempo que cada planeta demora en darle una vuelta a nuestra estrella.

- **Este es un instrumento astronómico. Di cómo se llama y cinco ideas acerca de él.**
- **¿Esto es tecnología? Justifica tu respuesta.**

Órbitas planetarias

• **Tú también estás orbitando en este momento. Consulta qué es orbitar.**

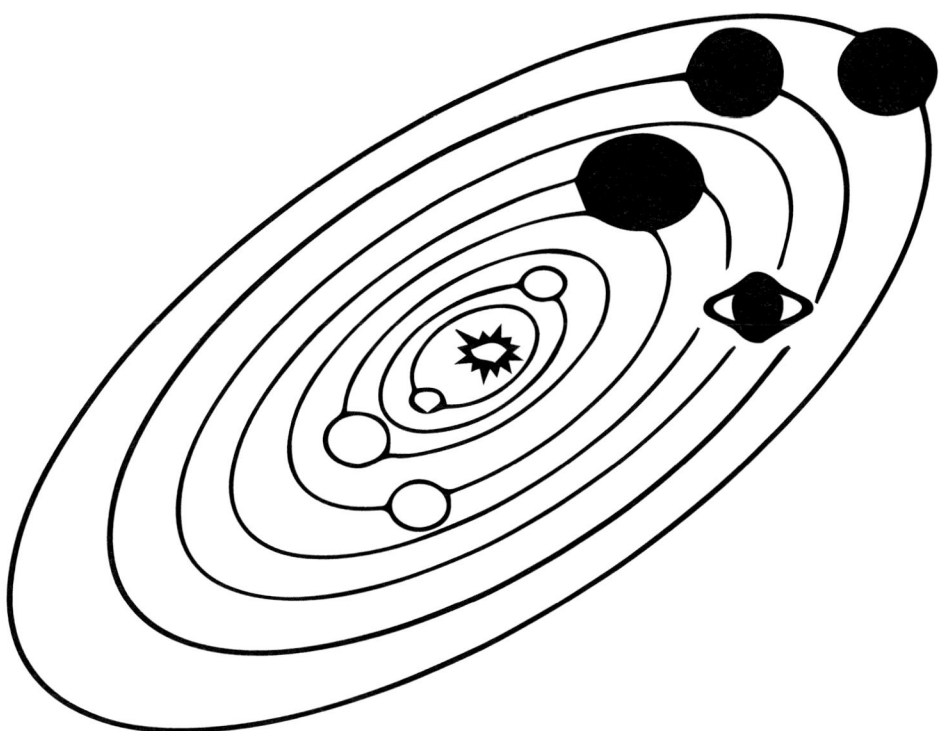

• **Al pie de cada círculo, escribe el nombre del planeta representado.**

• **¿Cuántas vueltas ha dado tu cuerpo alrededor del Sol?**

• **Las siguientes figuras se llaman _____ o _____ . ¿Son iguales? Comprueba.**

«El universo es un libro abierto, y cada estrella es una palabra en ese libro».
Carl Sagan

Las ciencias celestes son para todos

El encanto del firmamento y el espacio profundo es asunto de hombres, mujeres y niños. Todos podemos y debemos admirarlo, disfrutarlo y estudiarlo.

No se necesita equipo especializado para disfrutar de la astronomía, solo requieres tus ojos y un lugar oscuro para observar el cielo nocturno. El día también es apto para hacer astronomía. Así podemos entender mejor nuestro lugar en el universo.

Todos los momentos y lugares son adecuados para maravillarnos con la naturaleza y, a la vez, aprender un poco más de ella.

Cibergrafía

Actividades y dinámicas de enseñanza sobre astronomía para niños: https://www.euroinnova.co/blog/astronomia-para-ninos

5 actividades de astronomía para niños para hacer en casa: https://elnocturnario.com/5-actividades-de-astronomia-para-ninos-para-hacer-en-casa/

https://stellarium.org/es/

https://www.colegiocabodehornos.cl/blog/2020/10/01/la-importancia-de-la-astronomia-en-la-edad-escolar/

Astronomía para niños y niñas: http://educalab.es/recursos/historico/ficha?recurso=1434

Planes con niños: https://astroaficion.com/planes-con-ninos/

Manualidades para aprender astronomía: https://www.educo.org/blog/manualidades-para-aprender-astronomia

Sistema solar. Manualidad con cartulinas para niños: https://www.conmishijos.com/ocio-en-casa/manualidades-para-ninos/manualidades-s/manualidades-sistema-solar.html

Hacer una galaxia: experimentos caseros para niños | Yo lo puedo hacer - https://www.youtube.com/watch?v=jDbdFZP7qCE

EXPERIMENTO REPRESENTACION: ¿QUE OCURRE EN EL UNIVERSO? https://www.youtube.com/watch?v=QYEEENbcOxw